不可不知的
太空

［英］凯蒂·弗林特／文　　　［加］李诗彤／图　　李 凡／译

少年儿童出版社

太阳的中心温度
超过1000万摄氏度。

太阳黑子是太阳表
面温度较低、颜色较暗
的区域。

耀斑是太阳表面的
爆炸现象。

太阳的体积约为地球的130万倍。

太阳并不特殊，在宇宙中有许
许多多其他的恒星跟它类似。但是
对我们来说，它是宇宙中最重要的
恒星，如果没有它，地球上将不会
有生命存在。

太阳

即使戴着太阳镜，也绝对不要直视太阳。因为太阳光非常强烈，它能在几秒钟内就灼伤你的眼睛。不过，在这次旅途中，我们的探索者戴着魔法般的高科技护目镜，所以他们能如此近距离地观察太阳。

我们的大冒险从太阳系的中心——太阳开始。看！太阳是一颗巨大的、能发出光和热的恒星，正是因为它的引力，我们所在的太阳系才能成为一个整体。太阳系除了恒星太阳，还有8颗以椭圆形的轨道围绕太阳转动的行星。离太阳最近的4颗行星是岩质行星（以岩石为主要成分的行星），如果我们的宇航服能抵挡住太阳的热量并帮我们保持呼吸，那么我们就能够站在这些行星上面。而剩下的4颗行星要更大一些，但是它们主要是由气体组成的，没有坚实的地表，因此我们无法在上面着陆。

让我们一起来探索太阳系吧！一定要小心，别撞到小行星和彗星哟！

太阳系是银河系的一部分，而像银河系这样由一大群恒星和星际物质组成的系统，就叫作"星系"。宇宙中有很多很多星系。

水星

水星是我们旅程的第一站，也是离太阳最近、太阳系中最小的行星，它围绕太阳转动的速度非常快。我们去它四周瞧一瞧吧！水星灰色的表面起伏不平，还有许多陨石坑，这是由于几百万年来，无数流星撞击它的表面造成的。它看上去非常像绕着地球转动的月亮。而且，由于如此近距离地受到太阳辐射，这颗美丽的行星白天酷热难耐，晚上又极度严寒，昼夜温度差非常大。

水星是离太阳最近的行星。

卫星是一种围绕着行星公转的天体。水星没有卫星。

大部分行星的英文名是以古罗马神话中的神命名的。水星因为它围绕太阳运动的速度非常快，所以它的英文名 Mercury 是以长翅膀的信使神命名的。

如果站在水星上看太阳，我们会发现太阳非常巨大，这是因为水星离太阳特别近。

有一个叫作"信使号"的探测器，它曾围绕水星飞行了近4年，拍下了许多水星的照片并传回地球。

一年指一个行星围绕太阳转一圈所用的时间。在地球上，一年是 365.25 天，然而在水星上，一年只有88 天。

日本的"破晓号"金星探测器已经成功完成了绕金星轨道飞行的任务。人们把它发射出去，让它探测金星上有毒的大气层、云层、火山和闪电的状况。

金星是离太阳第二近的行星，也是离地球最近的邻居。

金星上的温度可高达 480℃。

如果没有佩戴合适的装备，你将无法在金星上存活。一旦踏出宇宙飞船，你可能还没来得及在有毒的空气中呼吸一口，就会被那儿的高气压压扁，或者被高温烤焦。

金星的英文名 Venus 是以古罗马神话中爱和美的女神命名的。

金星没有卫星。

金 星

我们旅程的下一站是金星，它是太阳系中最热的行星。它被厚厚的云层遮盖着，这些云层能够反射太阳光线并将其散射到太空中。因为太阳光要透过厚厚的大气层，而光线中红色光、黄色光的穿透力更强，所以当你站在这个行星的灰色岩石上时，一切看上去都是橘黄色的。它的大气层就像一块毯子，留住了太阳的热量，使得金星异常炎热。这个行星上还有可怕的高气压、酸雨、闪电和风暴，这使得我们探索金星的难度非常高。

我们从飞船中走到月球上，抬头回望，还能远远地看到地球。地球是我们生活的星球，有着适合生命生存的条件。它既不太热，也不太冷，而且地表的大部分面积还被水覆盖着。正是因为这里有丰富的水资源，人类才能得以繁衍生息。地球上的生物不仅有人类，遍布着山川、森林和海洋的地球也是千千万万种动植物的家园。和地球比起来，月亮看上去布满灰尘和岩石，显得比较灰暗。我们还没有在宇宙中发现任何和地球一样存在生命的星球。接下来，让我们继续探索吧！

月球

1969年，美国宇航员尼尔·阿姆斯特朗和巴兹·奥尔德林成为首批登陆月球的人类。

在月球上留下的脚印能留存几百万年，因为这儿没有风，也没有雨，没有能将脚印抹去的自然力量。

月球有一侧总是背对着地球，我们无法在地球上观察到月球这一侧。我们将这一侧称为"月球背面"。2019年1月3日，中国"嫦娥四号"探测器成为第一个成功在月球背面软着陆的探测器。

地球是离太阳第三近的行星。

地 球

在太阳系中，地球是唯一一个拥有单个卫星的行星，其他行星要么有许多卫星，要么没有卫星。

美国国家航空航天局的科学家在将宇航员送到月球这项任务中贡献了许多力量。他们详细规划了飞船起飞和登陆的路线，确保宇航员能安全返回地球。

地球和月球

火星

火星是离太阳第四近的行星。

如果有一天你能站在火星上，你一定要观看一下火卫一和火卫二这两颗卫星。

火星上有太阳系中最大的火山——奥林匹斯山。

火星干燥的表面遍布岩石和陨石坑。

火星的英文名Mars是以罗马神话中的战神命名的。

下一站——火星。火星看上去像一颗生了锈的红色铁球，不过，不要被它火红的颜色欺骗了，火星上的气候可是极度寒冷的，它晚上的温度甚至会低至 -132℃。但是与地球相似的是，火星也有四季变化。在夏季时，火星的温度能够达到 28℃。不过，这儿全年狂风肆虐，狂风侵蚀岩石并将尘土卷入云层，让天空变成了粉红色。

哎呀，一场沙尘暴好像就要来临了，我们还是赶紧离开火星吧！

火星上的一个太阳日约为 24 小时 39 分，而地球上的一个太阳日为 24 小时。

沙尘暴

有人认为，以前的火星与地球更相似，火星上也曾有过河流、湖泊，只不过后来火星变干、变冷了，而地球却演化出了供生命成长的环境。

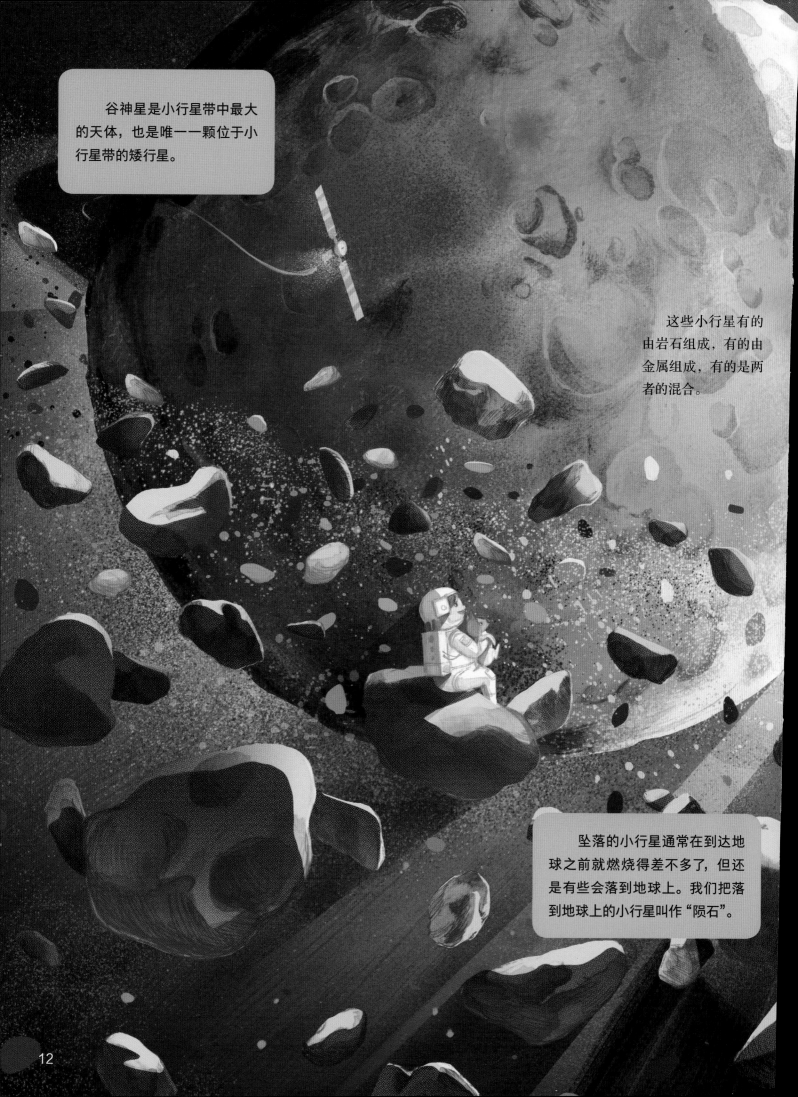

谷神星是小行星带中最大的天体，也是唯一一颗位于小行星带的矮行星。

这些小行星有的由岩石组成，有的由金属组成，有的是两者的混合。

坠落的小行星通常在到达地球之前就燃烧得差不多了，但还是有些会落到地球上。我们把落到地球上的小行星叫作"陨石"。

小行星带

谷神星

我们的飞船已经来到了位于火星和木星轨道之间的小行星带。这些小行星也围绕着太阳运转，它们的大小、形状各不相同，有些小到直径只有 10 米，有些却大到直径有 500 千米！这儿约有 50 万颗小行星。但是别担心，地球在运转时不会和它们相撞，因为它们离地球非常远。亿万年前，当太阳系形成时，整个宇宙就如同一个小行星带。有些科学家认为，如果小行星们结合在一起，就可以形成行星了。

有科学家认为，一场大的陨石袭击地球才导致了恐龙的灭绝。他们猜测，落到地球上的小行星的直径大约有 10 千米，它引发了地震、火灾、海啸和火山爆发，这些灾难最终让恐龙走向了灭亡。

13

木星上的每一天都很昏暗，但是它有着比地球上更闪耀的闪电风暴。

飞到木星的北极，去看一场叫作"极光"的"灯光秀"吧！

木卫四

在宇宙中，我们还没有在地球以外的其他任何地方发现生命的迹象，但是有科学家认为木卫二上可能存在生命！

木卫二

围绕木星旋转的4颗最大的卫星分别被命名为"木卫一""木卫二""木卫三""木卫四"。当然，木星还有很多其他的卫星。易爆的"木卫一"上布满了火山，表面还有各种颜色的斑纹，而冰冷的"木卫二"其地表下可能存在着液态水。

木 星

木星上经常有风暴天气，它是太阳系中最大的行星。这颗行星之王的表面装饰着五彩斑斓的条纹和斑点，而且还有一处红色斑点特别醒目。这个大红斑是一个存在已久的巨大风暴，它的体积比地球还要大。随着我们渐渐靠近木星的条纹带，可以看出这些条纹其实是快速移动的云层，并且这些云层是由有毒的气体组成的。

我们的飞船不能再继续往前飞了，要是飞越了这个云层，到达了木星液态的地表，我们将无法生还。

木卫一

木卫三

大红斑

· · · · · · · · · · · "朱诺号"木星探测器获取了许多关于木星的资料。

木星是离太阳第五近的行星。

土星

土星的北极有一个六边形的旋涡，这一景象很奇特，太阳系的其他地方都没有类似的景象。

来找找土星的卫星吧！土卫二是土星所有卫星中最亮的一颗，从我们的飞船中看过去，它也是太阳系中最亮的天体之一。

土星是离太阳第六近的行星。

"卡西尼号"土星探测器曾到过土星附近采集信息，发回了许多土星光环、卫星的照片。2017年9月，"卡西尼号"在完成探测使命后，在土星的大气层中解体。

土星上的1年比地球上的29年还要长。

我们旅程的下个目的地是一个拥有环的行星——土星。土星的环是由围绕着它旋转的非常微小的冰块、尘土和岩石组成的。土星的许多卫星就散布在它的环中或环周围。在土星上生活是不可能的，因为它的表面大部分是旋涡状的气体和液体。但是它的一些卫星，例如土卫二，被一些科学家认为存在海洋。所以，也许某一天，生命也能够在那儿生存！

在地球上，你可以看到土星在夜空中闪耀着金色的光芒。

土星上多风，而且风力比地球上最猛烈的飓风还要强劲。

天王星

目前已知天王星有13个行星环，但是它们都比较暗淡，不如土星的环那么明亮闪耀。

天王星有27颗卫星，它们的英文名大多是以莎士比亚戏剧中的角色命名的。

天王星是离太阳第七近的行星。

天王星的英文名Uranus是以古希腊神话中的天空之神命名的。它是八大行星中唯一以古希腊而非古罗马的神命名的行星。

美国国家航空航天局发射的"旅行者2号"探测器是唯一一个探索了4个气态行星的探测器。

当飞船驶离土星时，我们留意到了在远处发出蓝色光芒的天王星。天王星横躺着自转，看上去就像被撞翻了一样。这颗行星的表面是宇宙中最寒冷的地方之一，而且它是一颗气态行星，所以我们无法站立在上面。有科学家认为，在它蓝绿色的云层下面，钻石像冰雹一样掉落，并被引力拉向这颗行星的中心，形成闪烁的"钻石海洋"，而那些较大的钻石就像冰山一样漂浮在上面。要是我们能在那儿降落并观察一下就好了！

由于天王星独特的自转角度和长达84年的公转周期，它总是有一侧长时间面对太阳，另一侧则长时间背对太阳。

我们的旅程最后到达的行星是海王星——一颗冰巨星。它被认为是太阳系中最多风的行星，甚至比它的伙伴——气态行星木星更多风。因为大气中存在着甲烷气体，所以海王星看起来是深蓝色的。海王星的大气中有许多明亮的白色云层，其中有一块云层的移动速度非常之快，因此它还被起了个外号——滑板车。在八大行星中，海王星是离太阳最远的行星，关于它，我们还有很多不了解的地方。

海王星是离太阳第八近的行星。

地球上每过约165年，海王星才绕着太阳运转了一圈。

海王星

5道微弱的环围绕着这颗行星。

"旅行者2号"探测器花了12年时间才从地球到达海王星。

"滑板车"

海卫一

截至目前，人们已经发现有14颗卫星绕海王星运转。

海卫一是海王星最大的卫星，它上面分布着冰火山。冰火山喷发的不是岩浆，而是水、氨气、甲烷等物质。海卫一极度寒冷，气温能达到-200℃。当它结霜时，它的地形纹理和哈密瓜的表面非常相似。

冥卫一

冥王星

冥王星有 5 颗卫星，离它最近的卫星叫作"冥卫一"。

冥王星的表面有一个心形的斑纹。

在柯伊伯带，我们发现了冥王星。冥王星曾经也被列为太阳系的行星，但是现在天文学家将它归类为矮行星，就像谷神星一样。冥王星很小，表面积相当于美国国土大小。

柯伊伯带的大部分彗星在诞生初期是以大块岩石或冰的形态存在的。当这些彗星朝着太阳飞去时，它们就会渐渐升温，在身后留下一条冰一样的痕迹。

柯伊伯带

现在，我们到达了柯伊伯带，它离太阳有数十亿千米远。它非常像小行星带，但是要比小行星带大 200 倍，宽 20 倍。柯伊伯带的形状就像飞盘，它缓慢地沿着轨道运转，里面是成千上万的由冰块、岩石和金属组成的天体。

在太阳系的边缘，隐藏着星际空间。目前，只有两艘宇宙空间探测器——"旅行者 1 号"和"旅行者 2 号"到过那么远的地方。现在，我们要回家并计划下一次冒险了！

太空探测器"新地平线号"，已经探索过冥王星和它的卫星。

图书在版编目（CIP）数据

不可不知的太空 / （英）凯蒂·弗林特文，（加）李诗彤图；
李凡译. — 上海：少年儿童出版社，2022.3

ISBN 978-7-5589-1221-4

Ⅰ.①不… Ⅱ.①凯… ②李… ③李… Ⅲ.①宇宙—儿童读物
Ⅳ.①P159-49

中国版本图书馆CIP数据核字（2022）第037531号

著作权合同登记号 图字：17-2019-003

不可不知的太空
［英］凯蒂·弗林特 文
［加］李诗彤 图
李 凡 译
黄尹佳 周艺霖 装帧设计

责任编辑 陆伟芳 策划编辑 张立嫣
责任校对 陶立新 美术编辑 陈艳萍 技术编辑 许 辉

出版发行 上海少年儿童出版社有限公司
地址 上海市闵行区号景路159弄B座5-6层 邮编 201101
印刷 当纳利（广东）印务有限公司
开本 889×1194 1/16 印张 2.375 字数 8千字
2022年3月第1版 2024年8月第5次印刷
ISBN 978-7-5589-1221-4 / N·1198
定价 49.00元

版权所有 侵权必究

冥王星

柯伊伯带

天王星

海王星

土星

太阳系

小行星带

木 星

金 星

火 星

地 球